ALGUMAS PLANTAS INDICADORAS:
Como reconhecer as características limitantes de um solo

COLEÇÃO AGROECOLOGIA

Agroecologia na educação básica – questões propositivas de conteúdo e metodologia
Dionara Soares Ribeiro, Elisiani Vitória Tiepolo, Maria Cristina Vargas e Nivia Regina da Silva (orgs.)

Dialética da agroecologia
Luiz Carlos Pinheiro Machado, Luiz Carlos Pinheiro Machado Filho

Dossiê Abrasco – um alerta sobre os impactos dos agrotóxicos na saúde
André Búrigo, Fernando F. Carneiro, Lia Giraldo S. Augusto e Raquel M. Rigotto (orgs.)

A memória biocultural
Víctor M. Toleáo e Narciso Barrera-Bassols

Pastoreio Racional Voisin
Luiz Carlos Pinheiro Machado

Plantas doentes pelo uso de agrotóxicos – novas bases de uma prevenção contra doenças e parasitas: a teoria da trofobiose
Francis Chaboussou

Pragas, agrotóxicos e a crise ambiente - problemas e soluções
Adilson D. Paschoal

Revolução agroecológica – o Movimento de Camponês a Camponês da ANAP em Cuba
Vários autores

Sobre a evolução do conceito de campesinato
Eduardo Sevilla Guzmán e Manuel González de Molina

Transgênicos: as sementes do mal – a silenciosa contaminação de solos e alimentos
Antônio Inácio Andrioli e Richard Fuchs (orgs.)

Um testamento agrícola
Sir Albert Howard

SÉRIE ANA PRIMAVESI

Ana Maria Primavesi – histórias de vida e agroecologia
Virgínia Mendonça Knabben

Algumas plantas indicadoras – como reconhecer os problemas do solo
Ana Primavesi

A biocenose do solo na produção vegetal & Deficiências minerais em culturas – nutrição e produção vegetal
Ana Primavesi

Cartilha da terra
Ana Primavesi

A convenção dos ventos – Agroecologia em contos
Ana Primavesi

O grão de trigo
Ana Primavesi

Manejo ecológico de pastagens em regiões tropicais e subtropicais
Ana Primavesi

Manejo ecológico e pragas e doenças
Ana Primavesi

Manual do solo vivo
Ana Primavesi

Micronutrientes: os gigantes duendes da vida
Ana Primavesi

Pergunte o porquê ao solo e às raízes: casos reais que auxiliam na compreensão de ações e icazes na produção agrícola
Ana Primavesi

ANA PRIMAVESI

ALGUMAS PLANTAS INDICADORAS:
Como reconhecer as características limitantes de um solo

1ª edição

EXPRESSÃO POPULAR

São Paulo – 2017

Copyright © 2017 by Editora Expressão Popular

Revisão técnica: *Odo Primavesi*
Revisão de texto: *Cecília Luedemann, Lia Urbini e Virgínia M. Knabben*
Projeto gráfico e diagramação: *Zap Design*
Ilustração da capa e marcadores: *Verônica Fukuda*
Impressão e acabamento: *Vox*

Agradecemos a contribuição dos fotógrafos Carolina Fernandes, Mariana Lorenzo, Oliver Blanco, Paulo Schwirkowski e Rosângela Gonçalves Rolim por gentilmente cederem os direitos de imagem para este projeto. As demais imagens utilizadas estão registradas como domínio público, sob licença *creative commons* ou GFDL: agradecemos também a imprescindível iniciativa destes fotógrafos.

Dados Internacionais de Catalogação-na-Publicação (CIP)

P952a   Primavesi, Ana
        Algumas plantas indicadoras: como conhecer os problemas de um solo./ Ana Primavesi.—1.ed.—São Paulo : Expressão Popular, 2017.
        48 p.: il.

        Indexado em GeoDados - http://www.geodados.uem.br.
        ISBN 978-85-7743-314-8

        1. Solo – Manejo. 2. Solo - Problemas - Brasil. 3. Plantas indicadoras. I. Título.

                                                      CDD 631.4

Catalogação na Publicação: Eliane M. S. Jovanovich CRB 9/1250

Todos os direitos desta edição reservados.
Nenhuma parte desse livro pode ser utilizada
ou reproduzida sem a autorização da editora.

1ª edição: dezembro de 2017
5ª reimpressão: outubro de 2024

EXPRESSÃO POPULAR
Alameda Nothmann, 806
Sala 06 e 08 – CEP 01216-001 – Campos Elíseos-SP
atendimento@expressaopopular.com.br
www.expressaopopular.com.br
 ed.expressaopopular
 editoraexpressaopopular

Sumário

Apresentação 7
Odo Primavesi
Introdução 9
Algo sobre plantas nativas, invasoras em culturas (segetais) 11
Plantas que indicam o pH 17
Plantas com excesso de nutrientes 20
Plantas com deficiência de nutrientes 23
Plantas com solo com razoável quantidade de matéria orgânica 29
Plantas com compactação do solo 31
Referências 43

Apresentação

Odo Primavesi[1]

Como agrônomo formado por ocasião do auge da Revolução Verde no país, ao mesmo tempo em que acompanhava as visitas de campo dos pais, Artur e ou Ana, tive minha carreira pautada sempre por uma dupla abordagem das ocorrências de campo. Uma, de aspecto analítico, muitas vezes tendo sintomas avaliados e que permitiam montar um pacote tecnológico para resolver uma situação, principalmente por meio de ferramentas físicas e químicas; outra, de aspecto sintético, holístico, que procurava causas e equilíbrios a serem avaliados e corrigidos, por meio de procedimentos biológicos, químicos e físicos, buscando imitar os processos da natureza. Ana observava muito a natureza e os processos que utilizava. Por exemplo, a manutenção da camada orgânica na superfície e não enterrada.

Com o correr dos anos, verifiquei que o procedimento que não incluía o aspecto biológico (a vida) em primeiro lugar permitia uma ação determinante da entropia, que leva à degradação, à regressão ecológica, aos ambientes naturais primários, inóspitos à vida e à produção de biomassa. Com a inclusão do aspecto biológico, de forma holística, os processos resultavam em sintropia (como lembra Ernst Götsch), mais vida, mais complexidade, mais produção de biomassa, o contrário da entropia.

Ao ser convidado a escrever um livro de final de carreira por um colega editor pioneiro na divulgação da tecnologia agronômica, José Perez Romero, o resultado foi o *Manejo Ambiental Agrícola*, que chegava às mesmas conclusões

---

[1] Engenheiro Agrônomo, MSc, Dr. em Solos e Nutrição de Plantas, Pesquisador científico aposentado da Embrapa.

de Ana Primavesi no quesito chave: precisa-se captar, armazenar e manter o máximo de água residente (como dizia Prof. Eurípedes Malavolta), por meio de um solo agregado vivo, permeável, protegido por uma cobertura vegetal permanente, viva ou morta, e seu sistema radicular e a vida associada, com impacto no microclima, e até no mesoclima, quando manejado em escala.

Ana batalhou pela inclusão do aspecto biológico, em especial do solo, pela visão holística, sistêmica, por ferramentas de avaliação "clínica", à semelhança de um bom médico clínico. É uma visão ecológica ou agroecológica de manejo. Entre essas ferramentas, que qualquer agricultor mais observador, técnicos e estudantes podem utilizar para pré-avaliações rápidas, está a avaliação da presença de quebra-brisas e ventos, da estrutura do solo, da proteção de sua superfície, das raízes, dos sintomas foliares de deficiências minerais e das plantas nativas ocorrentes no local, ou plantas indicadoras. Estas ferramentas são muito importantes para pequenos agricultores, sendo que a consideração dos aspectos ecológicos de manejo são fundamentais para sistemas de produção mecanizados digitais de grande escala, desde que utilizem água residente. Exatamente por serem realizados em escala e afetarem o mesoclima regional, resultam em processos entrópicos.

As plantas nativas que aparecem em uma área agrícola ou pastoril, em principio, são ferramentas que a natureza utiliza para balizar e eliminar problemas específicos de solo, no aspecto físico, químico ou biológico. Assim, em uma área agrícola degradada, cansada, deixada em pousio, verifica-se o aparecimento de plantas nativas, que procuram romper o solo com suas raízes, proteger o solo com sua parte aérea e seus resíduos, mobilizar nutrientes minerais e outros, resultando em um solo novamente recuperado, vivo, fértil.

Nesta obra de Ana, inicialmente redigida em 2004 e agora relançada, procura-se fornecer uma ferramenta para facilitar a análise clínica de campo sobre o que poderia estar ocorrendo em uma área agrícola ou pastoril, antes de realizar análises de estrutura do solo e de raízes, e de sintomas de deficiências minerais, ou outras análises mais complexas e custosas. Ana, porém, sempre lembra: devemos olhar e analisar o conjunto, e perguntar o porquê das coisas, das causas das ocorrências, e não simplesmente o que está ocorrendo, e só tratar os sintomas. Plantas indicadoras seriam sintomas de uma situação, da qual se pode inferir a possível causa.

Introdução

A única maneira para saber o que acontece com um solo parece ser a de amostrá-lo e fazer análises. Isso demora, às vezes, três meses, e o agricultor não sabe o que fazer para salvar sua cultura.

Por outro lado, todos sabem interpretar o grau de seca por meio das plantas. Assim, o facheiro (*Pilosocereus pachycladus Rit.*) e o mandacaru (*Cereus Jamacaru DC.*) aparecem em regiões semiáridas com pouca chuva e longos períodos de seca, e o mandacaru, muitas vezes, cresce em cerros quase sem solos, muito ressequidos, também preferidos pelo xique-xique (*Pilosocereus gounellei [K. Schum.]*). Onde cresce a algarobeira (*Prosopis juliflora*), o solo normalmente é arenoso, mas com um nível freático não muito fundo ou até bastante superficial.

Em solos arenosos, em pastos decaídos pela renovação frequente, aparece rabo-de-burro (*Andropogon bicornis L.*), indicando a formação de uma camada impermeável (entre 80 e 100 cm de profundidade) que estagna água da chuva. Rompendo esta camada, o rabo-de-burro desaparece como por milagre. Sabe-se até pela Bíblia que, na Babilônia, plantava-se primeiro trigo, mas como os solos salinizavam pela irrigação mal feita, posteriormente conseguiam apenas plantar cevada; e conforme o pH ia subindo, as colheitas baixaram e a Babilônia mal nutrida foi vencida pelos persas.

Entretanto, existem exemplos mais recentes. Meu pai vivia e trabalhava, no início do século passado (anos 1920), numa região onde o povo se nutria de pão de centeio e aveia, que também servia para os cavalos. Mas os campos eram cada vez mais tomados pela papoula e as colheitas eram menores a cada ano. Muitas propriedades já não conseguiam mais nutrir as famílias que ali viviam. Por quê? Levei amostras de solos para a Universidade onde estudei e fiz as análises. O pH e o cálcio eram altos. Aconselhei meu pai a plantar trigo e cevada. Ele não gostou. "Sempre, por mais de mil anos, a população daqui comeu pão de centeio. Pensa que dezenas de gerações de pessoas eram todas burras, e somente você é inteligente?".

Disse-lhe que acreditava somente que o pH havia mudado e que ele deveria tentar plantar trigo e cevada, uma vez que centeio e aveia gostavam do pH baixo. Ele tentou e o resultado foi mais que surpreendente. As colheitas foram elevadas, maiores que as melhores de centeio de que se tinha lembrança.

Atualmente, graças à genética, as culturas foram adaptadas a todos os países, solos, latitudes e altitudes. Assim, na Europa Central se planta milho em lugar de centeio; as batatinhas desceram dos Andes e se espalharam pelo Hemisfério Norte; a soja saiu da China e se espalhou pelo mundo; porém, as plantas nativas ainda crescem conforme as condições do solo e do clima.

Nos solos tropicais, sabe-se que a enorme biodiversidade é a base de sua produtividade. Cada modificação pequena do solo dá origem a outras plantas, outras associações vegetais, e conforme o solo melhora ou piora, há outras sucessões vegetais. A natureza lança mão das plantas nativas para corrigir deficiências ou excessos minerais, compactações, camadas endurecidas, água estagnada, enfim, tenta restabelecer sua condição ótima, de maior produtividade. E todos sabem que em um solo abandonado sob vegetação nativa a capoeira se refaz completamente, tanto física quanto quimicamente. De onde vêm os nutrientes? Qual o segredo? O que fazem as plantas nativas que chamamos de *invasoras*? Sabe-se que são *indicadoras* e específicas para a situação que devem corrigir. E, portanto, são também *sanadoras*.

O que fazemos aqui é usar as invasoras como indicadoras. Cada planta nativa é uma indicadora. Ainda conhecemos muito poucas e este livro deve servir mais para estimular a observação e a pesquisa do que para ser decorado.

Algo sobre plantas nativas, invasoras em culturas (segetais)[1]

Relação cultura x invasoras no sistema de fotossíntese

O maior problema de cultivos em solos tropicais é que das 15 plantas de cultura mais usadas, 12 são do mecanismo de fotossíntese C-3 (ciclo Calvin) próprio do clima temperado. Necessitam ao redor de 1 a 3% de CO_2 no ar para a fotossíntese e, por isso, têm de "trabalhar" com os estômatos completamente abertos, perdendo muita água. Nas horas quentes do dia, fecham os estômatos, e a fotossíntese e a produção de biomassa são interrompidas. Crescem somente nas horas mais frescas do dia. Seu primeiro produto é a glucose (Mengel e Kirkby, 1978).

Somente três culturas (milho, sorgo e cana-de-açúcar) são C-4 (ciclo Calvin precedido pela produção de oxaloacetato na estrutura de Kranz, no endoderme foliar), que necessitam, para a fotossíntese, de somente 0,1 a 0,5% de CO_2 no ar, podendo fotossintetizar com os estômatos quase fechados. Isto ocorre mesmo durante as horas quentes do dia e normalmente não param de produzir biomassa, continuando a crescer e a produzir. Seus primeiros produtos são malatos e aspartatos, isto é, aminoácidos simples, comuns em todas as plantas de clima tropical. Em contrapartida, 32 das 76 invasoras mais temidas no mundo (42%) pertencem ao grupo C-4, portanto, são de franca vantagem no clima tropical contra os cultivos C-3 (Benzing, 2001; Becker, Terrones e Horchler, 1998), dominando facilmente as culturas.

---

[1] Segetal é um adjetivo derivado do latim *segetalis*, aquilo que cresce entre as searas.

Alelopatia negativa

As plantas nativas (invasoras), em parte, não estão em vantagem apenas por serem C-4 e usarem substâncias alelopáticas como scopolefina, cumarina, vanilina e outros aerossóis (Perez e Ormeno, 1991). Elas usam, também, exsudatos radiculares para defender e assegurar seu espaço. O conjunto de fatores de competição afeta seriamente o rendimento da cultura, especialmente em regiões úmidas ou sob irrigação (Benzing, 2001). Também as plantas de cultura trabalham com exsudações radiculares que as defendem contra invasoras. Assim, por exemplo, a alfafa excreta saponinas que afetam muitas outras plantas, mas igualmente causam autointolerância da própria alfafa, como também os exsudatos de sorgo, repolho e outros. Por isso, não podem ser replantados no mesmo campo. No Equador, onde existe tremoço nativo (*Lupinus mutabilis* L.) existe a população mais baixa de invasoras (Nieto-Cabrera, 1997) de toda a região andina, graças ao efeito alelopático muito forte.

Alelopatia positiva

Existem também ervas invasoras com "alelopatia positiva", como o picão-preto (*Bidens pilosa*) ou o mastruz (*Lepidium virginicum* L.), que possuem exsudatos radiculares que estimulam, por exemplo, o crescimento do milho (Kahl, 1987).

Biodiversidade

As plantas invasoras aumentam a biodiversidade (Scherer e Deil, 1997). Constatou-se que na agricultura convencional as espécies de invasoras foram reduzidas à metade das que existiam nos campos de agricultores agroecológicos (Pace *et al.*, 2001). Na Argentina, a diversidade das invasoras diminuiu muito, não tanto por causa dos herbicidas, mas por causa do uso de adubos nitrogenados (Zimdahl, 1993). Comparando 1.200 fazendas, constatou-se que a diversidade da flora nativa (mato, segetais) está de 25 até 600% maior em terras manejadas ecologicamente do que sob manejo convencional. Consequentemente, nos campos dos agricultores agroecológicos, eleva-se o número de espécies de micróbios e pequenos animais no solo, aumentando a mobilização de nutrientes e a produtividade dos solos.

Plantas segetais (ou invasoras) e os parasitas culturais

Quando uma única espécie de planta nativa (segetal) aumenta muito em uma cultura, esta pode ser hospedeira de nematoides e outras pragas. Se há grande diversidade de plantas segetais, elas ajudam a manter o equilíbrio dos organismos do solo e a possibilidade de a cultura ser parasitada é muito menor (Müller-Sämann, 1986; Thomas, Schroeder, Kenney e Murray, 1997).

Há uma observação interessante. Quando o alho é plantado sozinho, limpo de invasoras, pode ser afetado seriamente por *Meloidogyne incognita*. No entanto, quando cresce em conjunto com uma população média de tiriricão ou junquinho (*Cyperus esculentus L.*), os nematoides podem existir no solo, mas não afetam o crescimento do alho.

Monoculturas favorecem o desenvolvimento de poucas espécies de segetais (invasoras) adaptadas ao cultivo e seu tratamento (aração, insumos, agrotóxicos). Assim, por exemplo, no monocultivo de arroz, aparece o arroz vermelho de controle muito difícil. Porém, quando se usa a rotação com soja (Marchezan, 1997), esta infestação se reduz em 82%. Isso não ocorre por causa da presença de outra cultura, mas por causa de um *uso diferente do solo por esta outra cultura* (especialmente dos nutrientes). Pode-se dizer: *a invasora aparece em concordância com o clima e o estado cultural do solo* (Becker, Terrones e Horchler, 1998) e não por causa da espécie de cultura plantada, embora esta sempre tenha invasoras específicas, graças ao esgotamento ou acúmulo de um ou outro nutriente mineral.

Gutte (1995) e Nieto-Cabrera (1997) constataram, na Bolívia, que existiam associações distintas de invasoras nos agroecossistemas das *diversas alturas* (diferença de clima e solo), mas não existia diferença considerável de invasoras entre as diversas culturas. Invasoras são ecótipos.[2] O que é importante é a exploração do solo pelo cultivo, como o melhoramento ou a decadência de sua estrutura, conforme o preparo do solo, o desenvolvimento radicular e a quantidade de matéria orgânica devolvida. Por isso, as *invasoras são indicadoras* de condições do solo como do pH, nutrientes oferecidos, compactação, lajes impermeáveis e outras.

Controle dos segetais

O descanso ou simplesmente o abandono de um solo, por algum tempo, é fundamental para o controle dos segetais. Depois de alguns anos, as invasoras

---
[2] O ecótipo é uma população pertencente a uma espécie (geralmente reproduzidos por sementes) que se adaptou geneticamente a um território específico, geralmente de extensão limitada. Esta definição é semelhante à definição de variedade (cultivar) autóctone.

não podem mais competir com a vegetação nativa que se assenta (recuperação dos solos pela capoeira). Mas, quando outra vez roçada e plantada, esta, por sua vez, não consegue resistir ao preparo do solo e aos insumos, e aparecem justamente as "plantas invasoras", que são indicadoras e sanadoras das condições desfavoráveis criadas no solo cultivado.

Do mesmo modo, o uso temporário do campo como pastagem, embora não permita a sucessão nativa natural, ajuda a suprimir a maior parte das invasoras. Porém, em sistemas intensivos, os pastos têm de tomar o lugar do descanso (integração lavoura-pecuária).

Competição: cultivo x invasora

Os cultivos desenvolveram um mecanismo de competição e de tolerância para com as invasoras. Entre 25 culturas, trigo e aveia são os mais competitivos, rendendo em cultivos "inçados" ou praguejados ainda 75% de colheita dos cultivos mantidos no limpo, enquanto alho, cebola e cenoura não suportam a concorrência de plantas nativas, sendo alho e cebola especialmente sensíveis contra leguminosas (Heemst, 1985). No México ainda se planta uma variedade de milho (*Olotillo*) com colmo muito comprido que, embora não sendo o mais produtivo, não se importa com invasoras (Bellón, 1993). Porém, as variedades de milho mais produtivas, com colmo curto, não conseguem crescer sem herbicidas porque perderam sua competitividade.

Cultivos consorciados

Cultivos consorciados, como se usava antigamente, como milho-feijão--mandioca-abóbora, eram menos invadidos por plantas nativas e muito menos atacados por pragas e doenças. Assim, por exemplo, a abóbora impede muitas ervas invasoras que normalmente aparecem no milho. Segundo Lockerman & Puman (1979, p. 10), as cucurbitáceas não somente cobrem melhor o solo com suas folhas, mas têm igualmente efeito alelopático sobre muitas invasoras. Culturas mistas, consorciadas como milho+feijão+abóbora, equivalem a uma rotação.

Gramíneas melhoram muito mais a estrutura do solo de que leguminosas, portanto, um rodízio cultura x pasto (integração lavoura-pecuária) é francamente favorável, inclusive, no controle das invasoras. Assim, a rotação batatinha com capim Pangola, usada no Peru, é vantajosa.

Controle de invasoras

Também a cobertura do solo por um *mulch* ou cobertura morta, quando atinge 5 ou 6 cm de espessura, controla as invasoras (Calegari, 1997; Crovetto, 1997), igual ao que fazem as lonas plásticas pretas que, porém, produzem muitos resíduos (atualmente usam-se lonas de papel, biodegradáveis). No Plantio Direto, usa-se uma camada de palha na superfície do solo, mas, muitas vezes, esta camada é fina, como na monocultura de soja, e não consegue controlar segetais, especialmente quando estes são indicadores de uma deficiência (amendoim-bravo) ou compactação (guanxuma).

Vários produtos de fungos são usados no combate a invasoras, como de *Colletotrichum gloeosporioides* contra angiquinho (*Aeschynomene virginica* Poir) em arroz, mas também contra uma malva (*Malva pusilla*) que invade campos de outros cereais. Ou um produto de uma variedade de *Phytophthora palmivora* contra um cipó (*Morrenia odorata*) que invade plantações de cítrus, ou o uso de produtos de *Puccinia* (ferrugem de cereais) contra uma *Asteraceae*, que cresce como carrapicho em pastagens (*Xanthium cavanillesii*).[3] Por enquanto, estes produtos ainda são muito caros, mas são cada vez mais pesquisados. Também são usados diversos insetos, como contra a palma-forrageira (*Opuntia inermis*), que estão invadindo as pastagens na Austrália, ou contra o lírio-da-água (*Eichhornia crassipes*), que invade lagos nos EUA. Porém, como plantas invasoras são sempre plantas indicadoras, é mais fácil combatê-las quando se remove o problema ambiental do que removendo as causas e o que elas indicam.

---

[3] No Brasil, é pesquisado por Dall Bello (1993), Ribeiro (1997) e Wilder (1996).

Plantas que indicam o pH

Grama-missioneira (*Axonopus compressus*)

Também chamada de: grama jesuita, grama São Carlos, grama argentina, grama sempre verde, grama tapete, capim cabaiu, capitinga, capim três forquilhas. Cresce em solos muito ácidos e pobres com *pH* ao redor de 3,5.

Taboca (*Guadua angustifolia*)

Também: bambuzinho. Aparece em terrenos desmatados e frequentemente queimados. Acidifica o solo, enriquecendo-o com alumínio *pH* 3,8. Mesmo eliminado do pasto ou do campo, vão permanecer manchas ácidas onde o pasto não cresce nada bem.

Sapé (*Imperata brasiliensis*)

Também: capim-agreste, capim-massapé. Indica solos com *pH 4,0*. As folhas são duras, também usadas para cobrir casas. É extremamente rico em alumínio, desmineralizando os fetos dos animais que o comem (especialmente cavalos).

Erva-lanceta (*Solidago microglossa* e *S. chilensis*)

Tem também os nomes de: arnica, erva-de-lagarto, espiga-de-ouro, macela miúda, rabo-de-rojão, sapé macho ou mãe-de-sapé. Abre o caminho para o sapé, indicando exatamente *pH 4,5*.

Azedinha (*Oxalis oxyptera*)

Também: trevo. Indica um solo com *pH 4,0 a 4,5* com deficiência aguda de cálcio. Faz bulbos geralmente abaixo de 10cm de profundidade. Quando aparece junto com Losna-brava (*Artemisia verlotorum*), cujas raízes são superficiais, *indica irrigação com água de esgoto* (rio sujo com esgoto).

Losna-brava (*Artemisia verlotiorum*)

Chama-se também absinto e artemísia. É indicadora de solos salinizados, *pH 7,1 a 8,0*.

Plantas com excesso de nutrientes

Papoula (*Papaver Rhoeas* e *P. dubium*)

Aparece especialmente em campos de trigo e centeio, em solos com elevado teor em cálcio. *Indica o excesso de CÁLCIO*, que ela elimina.

Samambaia-das-taperas (*Pteridium aquilinum e P. arachnoideum*)

É comum em solos ácidos, não cultivados, especialmente em pastagens. Tóxico para o gado, provocando hemorragias. *Indica solos ricos em ALUMÍNIO* (deficientes em cálcio).

Picão-branco (*Galinsoga parviflora*)

Também: fazendeiro, butão-de-ouro. Aparece especialmente em hortas, cafezais e pomares. É um hospedeiro de nematoides, como os de gênero Meloydogine e Heterodera e *indica um excesso de NITROGÊNIO em relação ao COBRE* (excesso induzido). Solos arenosos, pH para neutro, sem alumínio, mas pobre em cálcio.

Cravo-de-defunto (*Tagetes erecta*)

Também: rabo-de-rojão, cravo-do-mato, coorá, cravo-de-urubu, alfinete-do-mato, rosa-de-lobo. *Indica nematoides* que ele consegue matar com suas excreções radiculares. É um atrativo de nematoides, os quais consegue matar com suas excreções radiculares. Numa área com muito nematoide recomenda-se plantar cravo de defunto.

Ançarinha branca (*Chenopodium album*)

Excesso de nitrogênio pelo desequilíbrio com cobre, aparecendo perto de composteiras e em solos ricos em matéria orgânica. *Indica excesso de NITROGÊNIO de origem VEGETAL.*

Língua-de-vaca (*Rumex obtusifolius*)

Onde aparece, sempre *indica excesso de NITROGÊNIO de origem ANIMAL*: chorume, conteúdo de fossas, composto com esterco ou cama-de-frango, esterco etc. Ocorre frequentemente em solos muito expostos ao pisoteio do gado ou após lavouras mecanizadas.

Plantas com deficiência de nutrientes

Nabiça (*Raphanus raphanistrum*)

Também: nabo-bravo, rabente-de-
-cavalo, saramago, nabisco. Infesta,
especialmente, culturas de trigo
quando estas forem *deficientes em
BORO + MANGANÊS*. Quando
o campo é adubado com estes micronutrientes, a nabiça some.

Mamona (*Ricinus communis*)

Também: carrapateiro, palma-de-
-cristo, bojureira, tortago, feijão-de-
-castor. A mamona nativa melhora
solos decaídos, *mobiliza BORO e
POTÁSSIO* em solos deficientes e
é famosa por manter o solo mais
úmido. A mamona melhorada é
exigente em B e K e necessita de
solos bons.

Humidícola (*Brachiaria humidicola*)

Também: quicuio-da-amazônia, brachiarinha, grama-de-pará, capim-agulha, espetudinha. Cresce vigorosamente como pasto em solos pobres, porém é rico em ácido oxálico. *Indica a deficiência em CÁLCIO.*

Carrapicho-de-carneiro (*Acanthospermum hispidum*)

Também: espinho-de-carneiro, cabeça-de-boi, carrapicho-rasteiro, cabeça-de-boi, chifre-de-carneiro, espinho-de-agulha. *Indica deficiência de CÁLCIO.* Desaparece depois de uma calagem.

Capim-esporobulo (*Sporobulus indicus* ou *S. poiretii*)

Também: capim-mourão, *S. herteroanus, Agrostis cómpressa, A. tenuissimus, Axonopus poiretti*. Aparece em pastagens *deficientes em MOLIBDÊNIO*.

Tanchagem (*Plantago tomentosa*)

É uma planta que cresce em solos pobres e adensados, consegue mobilizar grandes quantidades de cálcio e, por isso, cresce em solos *deficientes em CÁLCIO*. Consegue acumular em 1ml de seiva, 1.500 mg de cálcio, enquanto, no mesmo campo, a aveia possui somente 50 mg de Ca. É uma boa fonte de cálcio para os animais em pastagens nativas. Na agricultura agroecológica pode ser uma fonte boa de cálcio para a cultura seguinte após sua decomposição.

Leiteira (*Peschiera fuchsiaefolia*)

É uma árvore com folhas parecidas ao pessegueiro, porém sai leite quando se destaca uma. As flores parecem hélices, os frutos amarelos abrem, enrolando as duas partes que as protegem, mostrando o interior vermelho. Infesta pastagens quando estas são *deficientes em MOLIBDÊNIO*. A deficiência de Mo torna as plantas pobres em proteínas, o que as torna vítimas de saúvas.

Amendoim-bravo (*Euphorbia heterophylla*)

Também: leiteirinha, parece-mas-não-é, flor-de-poeta, adeus-Brasil, café-de-bispo, café-do-diabo, mata-Brasil.
Aparece especialmente em lavouras de soja, razão porque se introduziu a soja transgênica RR, mas também ocorre em qualquer lavoura que é *deficiente em MOLIBDÊNIO*. Molibdênio aumenta o número de vagens e o número de grãos na vagem. Adubando com Mo, a soja melhora e a leiteirinha desaparece.

Corda-de-viola (*Ipomoea purpurea*)

Também: corriola, campainha, bons-dias. É uma trepadeira, especialmente indesejável em cultivos de milho. Somente aparece quando existe a *deficiência de POTÁSSIO*.
Seja chamada atenção que o K pode ser absorvido pela planta, mas não pode ser utilizado quando faltar *boro* (K/B = 50 até 100).

Capim-colchão (*Digitaria sanguinalis*)

Também: milha, capim-sanguinário, colchão-pelado. Aparece especialmente em cafezais, mas também em lavouras quando *deficientes em POTÁSSIO*.

Joá-bravo (*Solanum palinacanthum* e *S.viarum*)

Também: juá, mata-cavalo ou arrebenta cavalo, babá, melancia-da--praia, mingola, bobó. Cresce em pastagens de solos arenosos e com suficiente umidade. Suas raízes são superficiais quando *falta COBRE*.

Plantas com solo com razoável quantidade de matéria orgânica

Beldroega (*Portulaca oleracea*)

Também: onze-horas, caaponga, porcelana, verdolaga. Não se importa com solos secos, mas necessita de matéria orgânica. *Indica matéria orgânica, boro e solos arenosos.*

Caruru (*Amaranthus viridis*)

Também: bredo, chorão. Indica a presença de *matéria orgânica* (+ *boro*, e também nitrogênio). Na deficiência aguda de boro, seus talos são podres por dentro e, também, parte das flores apodrecem.

Mentrasto (*Ageratum conyzoides*)

Também: bálsamo de fígado, picão roxo, catinga-de-bode. Aparece na época fria do ano nos campos onde no verão aparece o picão preto. Indica *matéria orgânica.*

Caraguatá (*Eryngium horridum*)

Também: gravatá ou barba-de-velho. Aparece principalmente em pastagens pobres e solos ácidos. Indica *húmus ácido.* Como qualquer planta pastoril, é eliminada quando cortada (3 vezes), após emitir o pendão floral.

Plantas com compactação do solo

Capa dura em pouca profundidade

Guanxuma (*Sida rhombifolia* e *Malvastrum coromandelianum*)

Também: malvastro, vassourinha, malva-preta. Possui uma raiz pivotante muito forte com a qual rompe compactações. *Indica uma camada dura, compactada em pouca profundidade* (entre 8 e 25 cm).

Solo muito pisoteado

Grama-seda (*Cynodon dactylon*)

Também: capim bermuda (*Bermuda-grass*), capim-de-cidade, grama-de-ganso, grama paulista, grama-de-marajó, grama-das-boticas. Aparece em todos os lugares de pisoteio intenso, seja por homens, animais ou máquinas, e cresce em pH de 4,0 até 8,0. Indica solos com uma camada dura na superfície e *solos muito pisoteados*.

Solo todo compactado (de cima para baixo)

Capim-carrapicho (*Cenchrus echinatus*)

Também: capim-amoroso, carrapicho-de-roseta, timbete, arroz-do-diabo, trigo bravo. *Indica solos completamente compactados.*
Em solos muito duros (adensados) permanece baixo, em solos algo menos duro cresce mais. Seu único combate é por meio de plantas que afrouxam o solo, como mucuna, crotalária, guandu, sorgo-de-vassoura. O solo melhora mesmo abaixo de uma camada grossa de matéria orgânica para qual se usa a vegetação citada.

Solo duro a partir de 4 cm

Assa-peixe (*Vernonanthura tweedieana*)

Também: cambará-guaçu, cambará-branco, chamarrita. Muito comum em pastagens. Tem raízes longas que andam paralelas à superfície em 4 cm de profundidade. *Indica um solo compactado abaixo de 4 cm.* O único combate é um repouso prolongado do pasto. Como planta melífera é muito apreciada.

Solo duro mas fertil

Capim-pé-de-galinha (*Eleusine indica*)

Também: capim-de-pomar, grama-sapo, coroa-de-ouro, capim-de-burro, capim-fubá. Infesta campos com Plantio Direto. *Indica solos duros, adensados, embora ricos, férteis.*

Relativo à água

Capim-rabo-de-burro (*Andropogon bicornis*)

Cresce somente em terrenos arenosos onde se formou uma camada impermeável. *Indica camada impermeável entre 80 e 100 cm de profundidade.* Esta camada pode ser rompida pelas raízes de guandu (com 2 anos) fazendo o rabo-de-burro desaparecer. A água pode estagnar sobre esta camada impermeável no período das chuvas. Baixa fertilidade.

Capim-arroz (*Echinochloa crusgalli var. crusgallii*)

Também: capituva, capim-da-colônia, capim-jaú, jervão, capim capivara, canevão, barbudinho. Aparece tanto no arroz irrigado quanto no arroz sequeiro, *indicando um horizonte de "redução"* onde os compostos minerais são reduzidos, quer dizer, perdem seu oxigênio e se juntam com hidrogênio, tornando-se tóxicos.

Rabo-de-coelho (*Andropogon glomeratus*)

Indica solos úmidos, temporariamente encharcados, com uma camada impermeável entre 40 e 50 cm de profundidade.

Tiririca (*Cyperus rotundus*)

É a praga mais temida em todo o mundo. Somente não cresce em lavouras de arroz irrigado. Gosta de solos com suficiente umidade, mas bem ensolarados, tanto ácidos quanto alcalinos. Não gosta de sombra, embaixo de *mulch* espesso (cobertura morta, restos de vegetais) ou abaixo de um cultivo denso como feijão-de-porco (*Canavalia ensiforme*), uma cobertura viva, fica inibido.

Canarana (*Echinochloa pyramidalis* e *Echinochloa polystachia*)

A *E.pyramidalis* é também conhecida como: canarana-erecta-lisa, falsa canarana. *Indica terrenos temporariamente inundados.*
A *E. polystachya* indica terrenos úmidos (brejos), lagos ou rios (inclusive águas salobres) onde cresce. Forma "ilhas flutuantes de capim" no rio Amazonas. Também chamado canarana verdadeira, capim d'água, capim-cabeludo, canutão, capim--navalha, capim-de-feixe, capim--paraguai.

Capim amargoso (*Digitaria insularis*)

Também: capim-açú, capim pororó, capim-colchão, capim-flecha. *Indica erosão subterrânea* (entre 60 e 80 cm). Lavouras abandonadas ou pastagens úmidas, com água etagnada após chuva.

Maria-mole (*Senecio brasiliensis*)

Também: berneira, flor-das-almas, vassoura-mole, flor-dos-finados, capitão, craveiro-do-campo, cravo-do-campo, catião, tasneirinha. Quando aparece em grande quantidade *indica suficientes chuvas bem distribuídas*, prevendo uma colheita boa de trigo. Solo adensado, com camada estagnante de água entre 40 cm a 120 cm. Regride com a aplicação de potássio e em áreas subsoladas.

Capim-Quicuio (*Pennisetum clandestinum*)

Também: pasto-africano. Em terrenos com suficiente umidade, é agressivo. *Indica solos temporariamente muito úmidos* (em parte gleyizados).

Fogo (queimadas frequentes)

Barba-de-bode (*Aristida pallens*)

É um capim apreciado por pecuaristas, porque rebrota rápido após a queimada. Mas também é perseguido pelos pecuaristas porque 6 semanas após a brotação já é duro e seco. Quando aparece em grande quantidade *indica queimadas anuais. Baixo teor de fósforo e de cálcio.*

Cabelo-de-porco (*Carex spp*)

É um dos poucos capins que suportam queimadas frequentes (até 5 por ano, em pastagem). Cresce em solos compactados, secos, praticamente sem matéria orgânica, e baixo nível de cálcio. *Indica queimadas frequentes.*

Solos rasos

Mio-Mio (*Baccharis coridifolia DC.*)

Também: alecrim e vassourinha. Aparece somente em solos rasos pobres em molibdênio. No Rio Grande do Sul dizem: "onde tem mio-mio pode passar com jipe, mesmo em época de chuva". Se tiver pouco no pasto, a queimada o aumenta, e se o pasto for tomado de mio-mio, a queimada o elimina. *Indica solos rasos, deficientes em MOLIBDÊNIO.*

Capim-favorito (*Rhynchelytrum repens* e *R. roseum*)

Também: Capim-molambo, capim-terrerife, capim-rosado, capim-natal, capim-gafanhoto. Tem seu nome capim-gafanhoto porque nas condições ambientais onde ele aparece em grande quantidade, ocorre a praga de gafanhotos. *Indica solos rasos, duros (até pedregosos) e secos.*

Lavoura abandonada

Vassourinha-branca (*Baccharis dracunculifolia*)

Também: alecrim-do-campo. Chega a pouco mais de 3 m de altura. Quando aparece em grande quantidade, *indica uma lavoura abandonada.*

Terra lavrada

Capim marmelada (*Brachiaria plantaginea*)

Também: capim-são-paulo ou capim-papuã. Aparece somente em campos recém-lavrados e desaparece quando o campo não é revolvido. Não aparece em Plantio Direto. *Indica lavração recente.*

Capim caninha (*Andropogon incanus* ou *Andropogon lateralis*)

Também: capim-colorado. Cresce no Rio Grande do Sul nas baixadas da fronteira que encharcam durante o inverno. Após brotar, encana logo e endurece (por isso chama-se "caninha"), sendo queimada logo em seguida. E como os entrenós alternadamente são verdes e vermelhos, chama-se também "colorado". *Indica solos encharcados no inverno e queimadas frequentes, deficientes em FÓSFORO.* Quando recebe fósforo, não encana cedo e é boa forrageira.

Solo argiloso fértil

Dente-de-leão (*Taraxacum officinale*)

Também: serralha, chicória-brava. Gosta de solos argilosos, bem agregados, profundos e férteis, ricos em nitrogênio e boro. Cresce somente em clima temperado e subtropical. *Indica solos férteis.*

Capim jaraguá (*Hyparrhenia rufa*)

Também chamado de capim provisório. Oriundo da África, *indica solos férteis*. Aqui é preciso destacar que a ciência agronômica já apresenta uma classificação das gramíneas forrageiras de acordo com sua exigência em fertilidade do solo expressa em porcentual de saturação por bases, na camada de 0 a 20 cm, situação em que atingem seu máximo vigor e capacidade de produção.

– Grupo I: espécies de baixa exigência, em solos de fertilidade muito baixa a baixa (saturação por bases entre 30 e 45%). Aparecem capim-gordura, *Andropogon gayanus, Brachiaria humidícola, Brachiaria decumbens.*
– Grupo II: espécies de média exigência, solos com fertilidade media (saturação por bases entre 40% e 60%). Aparecem o *Panicum maximum* cv. Colonião e outros, a *Brachiaria ruziziensis*, a *Brachiaria brizantha* cv Marandu e o capim-jaraguá.
– Grupo III: espécies muito exigentes, solo de alta fertilidade (saturação por bases entre 60% e 80%): *Pennisetum purpureum*, como capim-elefante ou Napier, e o *Cynodon* spp, como capim-tifton e coastcross. (Vilela *et al.*, 1998, *apud* Pavinato, 2015; Pereira e Polizel, 2016).

Referências

BECKER, B., TERRONES, F. & HORCHLER, P. Weed communities in andean cropping systems of northern Peru. *Angewandte Botanik*, n. 72, 1998, p. 113-130.

BELLÓN, M. R. Conocimiento tradicional, cambio tecnológico y manejo de recursos saberes y practicas productivos de los campesinos en el cultivo de variedades de maíz en un ejido del Estado de Chiapas, Mexico. In: LEFF, *Cultura y manejo sustentable de recursos naturales*, v. II, CIIH, Porrua, 1993, p. 297-327.

BENZING, A. *Agricultura orgánica, Fundamentos para la región andina*. Villingen-Schwenningen: Neckar-Verlag, 2001.

CALEGARI, A. Eficiência del sistema de siembra directa a traves del uso de abonos verde y rotación de cultivos. V *Congreso Nacional Aapresid*, 1997, p. 133-151.

CROVETTO C. La cero labranza y la nutrición del suelo. V *Congreso Nacional Aapresid*, 1997, p. 73-90.

DOBREMEZ J. F. Guerre chimique chez les vegeteaux. *Recherche*, v. 279, n. 9, 1995, p. 912-916.

GUTTE, P. Segetal und Ruderalpflanzengesellschaften im Wohngebiet der Kallawaya (Bolivien), *Phytocoenologia*, v. 25, n. 1, 1995, p 33-67.

HEEMST, van H. D. J. The influence of weed competition on crop yield. *Agric. Syst.*, n. 18, 1985, p. 81-93.

KAHL, H. Allelopathic effects in the maize-quelots-agroecosystem of the Tacahumara Indian. *J. Agron. and Crop Sci.*, n. 158, 1987, p. 56-64.

LOCKEMAN, R. H. & PUMAN, A. R. G. Field evaluation of allelopathic cucumbers as an aid to weed control. *Weed science*, n. 27, 1979, p. 54-57.

MARCHEZAN, E. Crop rotation in red rice control. *Intern. Rice Res.*, v. 22, n. 1, 1997, p. 46.

MENGEL, K. & KIRKBY, E. A. Principles of plant nutrition. *Potash Inst.* Bern, 1978, p 133-143.

MÜLLER-SÄMANN, K. M. *Bodenfruchtbarkeit und standortgerechte Landwirtschaft*. Eschbom: GTZ, 1986.

NIETO-CABRERA C. et al. Response of four andean crops to rotation and fertilization. *Mountain Research and Develop.*, v. 17, n. 3, 1997, p. 273-282.

PACE et al., in: BENZING, A. *Agricultura orgánica*. Villingen-Schwenningen: Neckar Verlag, 2001, p. 457.

PAVINATO, P.S. "Eficiência da adubação em pastagens". In: SIMPÓSIO DE ADUBAÇÃO E MANEJO DE PASTAGENS, 3. Dracena: Unesp, 2015. Disponível em: < http://www.dracena.unesp.br/Home/Eventos/SAMPA/eficiencia-da-adubacao-em--pastagens---pavinato.pdf>

PEREIRA, L. E. T.; POLIZEL, G. H. G. *Princípios e recomendações para o manejo de pastagens*. Pirassununga, Faculdade Zootecnia e Engenharia de Alimentos/FZEA/USP, 2016. 33p. Disponível em: <http://www.livrosabertos.sibi.usp.br/portaldelivrosUSP/catalog/download/122/103/522-1?inline=1>

PEREZ F. & ORMENO, J. Efecto de exudatos de avenilla (*Avena tatua* L) sobre plántulas de trigo (*Triticum aestivum* L) primaveral. *Agric. Técnica*, v. 51, n. 2, 1991, p 166-170.

ROMERO, Y. O., ROJAS, G. C. Effecto de la fertilización y manejo sobre la productividad y composicíon botánica de una pradera de Festuca-trebol subterráneo en la IX Región. *Agric. Técnica*, v. 53, n. 3, 1993, p. 202-210.

SCHERER, M. & DEIL, U. Floristische Diversität und Vegetationsstrukturen in traditionellen und modernen Kulturlandschaften untersucht aus Beispielen aus Chile und dem westlichen Mittelmeergebiet. Zeitschrift Ökolog.u.Naturschutz, v. 6, n. 1, 1997, p. 19-31.

THOMAS, S. H. SCHROEDER, J. KENNEY, M. J. e MURRAY. L. W. Meloidogine incognita inoculum source affects host suitability and growth of yellow nutsedge and chili pepper. *J. Nematology*, v. 29, n. 3, 1997, p. 404-410.

ZIMDAHL, R, J. Fundamentals of weed science. *Academic Press*, San Diego, 1993.

FOTOGRAFIAS

1 ODO PRIMAVESI. [*Axonopus compressus (habit)*]. s/ data. Fotografia digital. Arquivo Odo Primavesi.

2 DOMÍNIO PÚBLICO. [*Guadua angustifolia*]. 2004. Fotografia digital. CC-BY-SA-3.0. Disponível em: <https://commons.wikimedia.org/wiki/File:Guadua.jpg#/media/File:Guadua.jpg>. Acesso em: 12 de setembro de 2017.

3 EDUARDO FERRAZ PACHECO DE CASTRO. [*Imperata brasiliensis*]. 2014. Fotografia digital. Domínio público. Disponível em: <https://commons.wikimedia.org/wiki/File:Capim_Sap%C3%A9.jpg>. Acesso em: 12 de setembro de 2017.

4 PLUCHEA. [*Solidago chilensis*]. 2014. CC-BY 3.0. Fotografia digital. Disponível em: < https://commons.wikimedia.org/wiki/Category:Solidago_chilensis#/media/File:Solidago_chilensis_Meyen.jpg>. Acesso em: 12 de setembro de 2017.

5 DOMÍNIO PÚBLICO. [Vista de uma espécie de Trevo-de-quatro-folhas]. 2014. Fotografia digital. Disponível em: <https://commons.wikimedia.org/wiki/File:Trevo4_folhas.JPG>. Acesso em: 12 de setembro de 2017.

6 JAVIER MARTIN. [*Artemisia verlotiorum*]. 2010. CC-BY. Fotografia digital. Disponível em: < https://en.wikipedia.org/wiki/Artemisia_verlotiorum#/media/File:Artemisia_

campestris_Enfoque_2010-11-05_CampodeCalatrava.jpg>. Acesso em: 12 de setembro de 2017.

7 STEFAN.LEFNAER. [*Papaver Rhoeas*]. s/data. CC-BY-SA 4.0. Fotografia digital. Disponível em: < https://commons.wikimedia.org/wiki/File:Papaver_rhoeas_sl1.jpg#/media/File:Papaver_rhoeas_sl1.jpg>. Acesso em: 12 de setembro de 2017.

8 HANS HILLEWAERT. [*Pteridium aquilinum*]. 2011. CC-BY-SA 4.0. Fotografia digital. Disponível em:< https://ca.wikipedia.org/wiki/Pteridium#/media/File:Pteridium_aquilinum_(habitus).jpg>. Acesso em: 12 de setembro de 2017.

9 HUGO.ARG. [*Galinsoga parviflora*]. 2007. GFDL. Fotografia digital. Disponível em: < https://pt.wikipedia.org/wiki/Galinsoga_parviflora> . Acesso em: 12 de setembro de 2017.

10 FOREST & KIM STARR. [*Tagetes erecta*]. 2007. CC-BY-3.0. Fotografia digital. Disponível em: https://en.wikipedia.org/wiki/Tagetes_erecta#/media/File:Starr_070906-8658_Tagetes_erecta.jpg. Acesso em: 12 de setembro de 2017.

11 RASBAK. [*Chenopodium álbum*]. 2005. CC-BY-SA 3.0. Fotografia digital. Disponível em: < https://en.wikipedia.org/wiki/Chenopodium_album#/media/File:Melganzenvoet_bloeiwijze_Chenopodium_album.jpg> . Acesso em: 12 de setembro de 2017.

12 STEN PORSE. [*Rumex obtusifolius*]. 2006. CC-BY-SA 3.0. Fotografia digital. Disponível em: < https://en.wikipedia.org/wiki/Rumex_obtusifolius#/media/File:Rumex--obtusifolius-foliage.JPG> Acesso em: 12 de setembro de 2017.

13 CWMHIRAETH. [*Raphanus raphanistrum*]. 2016. CC-BY-SA 4.0. Fotografia digital. Disponível em: <https://en.wikipedia.org/wiki/Raphanus_raphanistrum#/media/File:Raphanus_raphanistrum,_Anglesey.jpg>. Acesso em: 12 de setembro de 2017.

14 ODO PRIMAVESI. [*Ricinus communis*]. 2017. Fotografia digital. Produzida para esta publicação.

15 ODO PRIMAVESI. [*Brachiaria humidícola*]. Fotografia digital. Arquivo pessoal Odo Primavesi.

16 ODO PRIMAVESI. [*Acanthospermum hispidum*]. s/data. Fotografia digital. Arquivo pessoal de Odo Primavesi.

17 FOREST & KIM STARR. [*Sporobulus indicus*]. 2008. CC-BY-3.0. Fotografia digital. Disponível em: < https://commons.wikimedia.org/wiki/File:Starr_080609-7976_Sporobolus_indicus.jpg>. Acesso em: 12 de setembro de 2017.

18 SCHWIRKOWSKI, Paulo. [*Plantago tomentosa*]. 2011. Fotografia digital. Disponível em: < http://www.ufrgs.br/fitoecologia/florars/open_sp.php?img=7209>. Acesso em: 12 de setembro de 2017.

19 LORENZO, Mariana.[*Peschiera fuchsiaefolia*]. 2011. Fotografia digital. Disponível em: < https://reinometaphyta.wordpress.com/2012/06/07/leiteiro-peschiera-fuchsiaefolia/>. Acesso em: 12 de setembro de 2017.

20 PSUMUSEUM. [*Euphorbia heterophylla*]. 2014. CC-BY-SA 4.0. Fotografia digital. Disponível em: < https://en.wikipedia.org/wiki/Euphorbia_heterophylla#/media/File:Euphorbia_heterophylla_with_cyathia.JPG> . Acesso em: 12 de setembro de 2017.

21 PICCOLONAMEK. [*Ipomoea purpúrea*]. 2005. CC-BY-SA 3.0. Fotografia digital. Disponível em: < https://en.wikipedia.org/wiki/Ipomoea_purpurea#/media/File:BlueMorningGlory.jpg>. Acesso em: 12 de setembro de 2017.

22 RASBAK. [*Digitaria sanguinalis*]. 2006. CC-BY-SA 3.0. Fotografia digital. Disponível em: < https://en.wikipedia.org/wiki/Digitaria_sanguinalis#/media/File:Harig_vingergras_plant_(Digitaria_sanguinalis).jpg> . Acesso em: 12 de setembro de 2017.
23 JOÃO MEDEIROS. [*Solanum palinacanthum*]. 2011. CC-BY 2.0. Fotografia digital. Disponível em: < https://sv.wikipedia.org/wiki/Solanum_palinacanthum#/media/File:Solanum_palinacanthum.jpg>. Acesso em: 12 de setembro de 2017.
24 JOÃO MEDEIROS. [Fruta do *S. palinacanthum*]. 2011. CC-BY 2.0. Fotografia digital. Disponível em: <https://sv.wikipedia.org/wiki/Solanum_palinacanthum#/media/File:Solanum_palinacanthum_fruit.jpg>. Acesso em: 12 de setembro de 2017.
25 ZOOFARI. [*Portulaca oleracea*]. 2008. CC-BY-SA 3.0. Fotografia digital. Disponível em: < https://en.wikipedia.org/wiki/Portulaca_oleracea#/media/File:Portulaca_oleracea.JPG>. Acesso em: 12 de setembro de 2017.
26 ODO PRIMAVESI. [*Amaranthus viridis*]. 2017. Fotografia digital. Produzida para esta publicação.
27 MINGHONG. [*Ageratum conyzoides*]. 2008. CC-BY-SA 3.0. Fotografia digital. Disponível em: <https://commons.wikimedia.org/wiki/Ageratum_conyzoides#/media/File:Ageratum_conyzoides_1.jpg>. Acesso em: 12 de setembro de 2017.
28 ANDRÉS GONZÁLEZ. [*Eryngium horridum*]. 2013. CC-BY 3.0. Fotografia digital. Disponível em: < https://species.wikimedia.org/wiki/Eryngium_horridum#/media/File:Eryngium_horridum.jpg>. Acesso em: Acesso em: 12 de setembro de 2017.
29 FRANZ XAVER. [*Malvastrum coromandelianum*]. 2011. CC-BY-SA 3.0. Fotografia digital. Disponível em: < https://species.wikimedia.org/wiki/Malvastrum_coromandelianum#/media/File:Malvastrum_coromandelianum_1.jpg>. Acesso em: 12 de setembro de 2017.
30 BIDGEE. [*Cynodon dactylon*]. 2010. CC-BY-SA 3.0. Fotografia digital. Disponível em: < https://en.wikipedia.org/wiki/Cynodon_dactylon#/media/File:Cynodon_dactylon_2.jpg>. Acesso em: 12 de setembro de 2017.
31 ODO PRIMAVESI. [*Cenchrus echinatus*]. s/data. Fotografia digital. Arquivo pessoal de Odo Primavesi.
32 ROLIM, Rosângela G. [*Vernonanthura tweedieana*]. 2010. Fotografia digital. Disponível em: <http://www.ufrgs.br/fitoecologia/florars/open_sp.php?img=4984 >. Acesso em: 12 de setembro de 2017.
33 FOREST & KIM STARR. [*Eleusine indica*]. 2003. CC-BY 3.0. Fotografia digital. Disponível em: < https://species.wikimedia.org/wiki/Eleusine_indica#/media/File:Starr_031108-2147_Eleusine_indica.jpg>. Acesso em: 12 de setembro de 2017.
34 DICK CULBERT. [*Andropogon bicornis*]. 2013. CC-BY 2.0. Fotografia digital. Disponível em: < https://species.wikimedia.org/wiki/Andropogon_bicornis#/media/File:Andropogon_bicornis_(20666771951).jpg> . Acesso em: 12 de setembro de 2017.
35 DOMÍNIO PÚBLICO. [*Echinochloa crusgalli var. crusgallii*]. 1988. Fotografia analógica. Disponível em: < https://ca.wikipedia.org/wiki/Xereix_pota_de_gall#/media/File:Echinochloa_crus-galli01.jpg> . Acesso em: 12 de setembro de 2017.
36 FOREST & KIM STARR. [*Andropogon glomeratus*]. 2007. CC-BY 3.0. Fotografia digital. Disponível em: < https://upload.wikimedia.org/wikipedia/commons/b/bf/Starr_071222-0259_Andropogon_glomeratus.jpg>. Acesso em: 12 de setembro de 2017.

37 ODO PRIMAVESI. [*Cyperus rotundus*]. s/data. Fotografia digital. Arquivo pessoal de Odo Primavesi.
38 CAROLINA FERNANDES. [*Echinochloa pyramidalis*]. S/DATA. Fotografia digital. Disponível em: < http://2.bp.blogspot.com/-ij2TOAHKxZo/USUEhuHxlPI/AAAAAAAAANk/-UiX_15-XCI/s1600/IMG_0858.JPG>. Acesso em: 12 de setembro de 2017.
39 ODO PRIMAVESI. [*Digitaria insularis*]. 2017. Fotografia digital. Produzida para esta publicação.
40 ANA MARIA PRIMAVESI. [*Senecio brasiliensis*]. s/data. Arquivo pessoal de Ana Maria Primavesi.
41 FOREST & KIM STARR. [*Pennisetum clandestinum*]. 2006. CC-BY-3.0. Disponível em: < https://upload.wikimedia.org/wikipedia/commons/c/c5/Starr_061205-1921_Pennisetum_clandestinum.jpg>. Acesso em: 12 de novembro de 2017.
42 OLIVER BLANCO. [*Aristida pallens*]. s/data. Fotografia digital. Disponível em: <http://1.bp.blogspot.com/-wvkcmedc3Og/Ub-56tXcJ5I/AAAAAAAADLY/dUqzqKq4XgI/s1600/2911201010471.jpg>. Acesso em: 12 de setembro de 2017.
43 DCRJSR. [*Carex sp*]. 2011. Fotografia digital. CC-BY-3.0. Disponível em: < https://commons.wikimedia.org/wiki/File:Large_sedge_Carex_sp_Rock_Creek_Canyon.jpg#/media/File:Large_sedge_Carex_sp_Rock_Creek_Canyon.jpg>.Acesso em: 12 de setembro de 2017.
44 ROLIM, Rosângela G.[*Baccharis coridifolia DC*]. 2013. Fotografia digital. Disponível em: <http://www.ufrgs.br/fitoecologia/florars/open_sp.php?img=9406>. Acesso em: 12 de setembro de 2017.
45 J. M. GARG. [*Rhynchelytrum repens*]. 2008. GFDL. Fotografia digital. Disponível em: <https://en.wikipedia.org/wiki/Melinis_repens#/media/File:Rhynchelytrum_repens_(Rose_Natal_grass)_in_Hyderabad,_AP_W_IMG_1458.jpg>. Acesso em: 12 de setembro de 2017.
46 DOMÍNIO PÚBLICO. [*Baccharis dracunculifolia*]. 2007. Fotografia digital. Disponível em: < https://en.wikipedia.org/wiki/Baccharis_dracunculifolia#/media/File:Alecrimdocampo.jpg>. Acesso em: 12 de setembro de 2017.
47 FOREST & KIM STARR. [*Urochloa plantaginea*]. 2001. CC-BY-3.0. Fotografia digital. Disponível em:<https://commons.wikimedia.org/wiki/File:Starr_011031-9001_Urochloa_plantaginea.jpg>. Acesso em: 12 de setembro de 2017.
48 ROLIM, Rosângela G. [*Andropogon lateralis*]. 2013. Fotografia digital. Disponível em: <http://www.ufrgs.br/fitoecologia/florars/open_sp.php?img=10215 >.Acesso em: 12 de setembro de 2017.
49a ODO PRIMAVESI. [*Flor de Taraxacum officinale*]. s/data. Fotografia digital. Arquivo pessoal de Odo Primavesi.
49b METEOR2017. [Campo de *Taraxacum officinale*]. 2006. GFDL + CC-BY-SA 2.5. Fotografia digital. Disponível em: <https://en.wikipedia.org/wiki/Taraxacum_officinale#/media/File:Taraxacum_officinale_masovia01.jpg> . Acesso em: 12 de setembro de 2017.
50 MACLEAY GRASS MAN. [*Hyparrhenia rufa*]. 2012. CC-BY-2.0. Fotografia digital. Disponível em: <https://www.flickr.com/photos/73840284@N04/7368077198/>. Acesso em: 12 de setembro de 2017.